ENTRETIEN & SOINS

DE LA

BOUCHE

Conseils du Dr E.-V. Leon

CHIRURGIEN DENTISTE AMÉRICAIN

à VALS-LES-BAINS (Ardèche)

VALS-LES-BAINS
IMPRIMERIE E. ABERLEN

ENTRETIEN & SOINS

DE LA

BOUCHE

Conseils du Dr E.-V. Leon

CHIRURGIEN-DENTISTE AMÉRICAIN

à VALS-LES-BAINS (Ardèche)

VALS-LES-BAINS

IMPRIMERIE E. ABERLEN

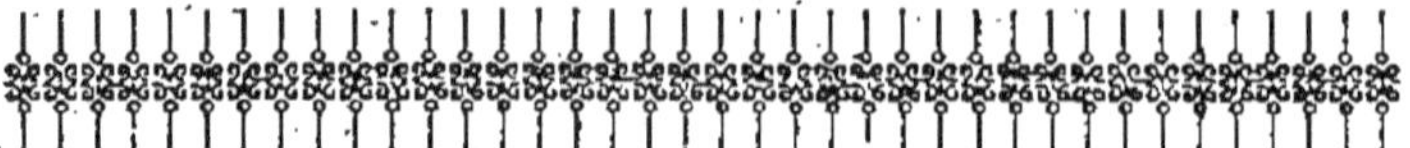

INTRODUCTION

L'accueil favorable qui m'a été accordé depuis mon arrivée à Vals-les-Bains et les encouragements que j'ai reçus de toutes parts, m'autorisent à croire que les recommandations et conseils que j'ai résumés dans cette petite brochure, seront accueillis avec bienveillance et pourront peut-être rendre quelques services.

Dans ce but, je me permets de présenter au lecteur ces réflexions qui me sont suggérées par l'expérience.

E.-V. LEON.

D. D. S.

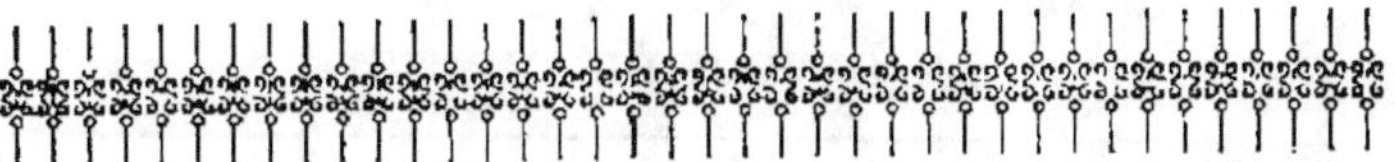

LE DEVOIR DU DENTISTE

Un chirurgien-dentiste, honnête et consciencieux, a pour devoir de renseigner le public sur la valeur et l'importance de préserver la dentition autant que possible. La propreté est la sœur de la sainteté, et être propre est une des premières vertus ; aussi, tenir notre bouche dans un parfait état de propreté, est notre premier devoir. Si le public, en général, savait combien l'état de la bouche et des dents influe sur l'existence, leur judicieux entretien deviendrait la première préoccupation de toute personne prévoyante. Quatre-vingt pour cent des maladies ont pour cause directe une dentition défectueuse, résultat inévitable de la négligence. La dyspepsie, ce terrible fléau du monde civilisé, qui est responsable de tant de souffrances, dont la guérison est si lente et si difficile et impose à la victime les plus grandes privations n'est, quatre-vingts fois sur cent, que la cause naturelle et inévitable du mauvais état de la dentition ou encore de l'absence complète de celle-ci.

Les merveilleux progrès accomplis par l'art dentaire n'ont été nulle part aussi rapides et aussi frappants qu'aux Etats-Unis d'Amérique et l'on peut affirmer, sans la moindre exagération, qu'aucune profession ne s'est plus distinguée pour ses perfectionnements et ses découvertes que celle du chirurgien-dentiste depuis une vingtaine d'années.

Les parents, et tous ceux qui ont la charge d'enfants, ne doivent pas perdre de vue qu'il est de leur devoir et de leur intérêt d'avoir un dentiste, et que, le choix de celui-ci ayant été fait judicieusement, ils doivent s'attacher à lui et se garder de le changer. Les enfants devraient être conduits chez lui deux fois par an pour subir une visite; ceci diminuerait et souvent préviendrait les douleurs. Les notes du dentiste seraient aussi d'autant plus légères que le mal serait arrêté immédiatement et avant qu'il n'ait pu pénétrer jusqu'au nerf.

L'opération ainsi faite à temps, n'aurait qu'une importance relative, elle conjurerait les maux de dents et les abcès seraient inconnus.

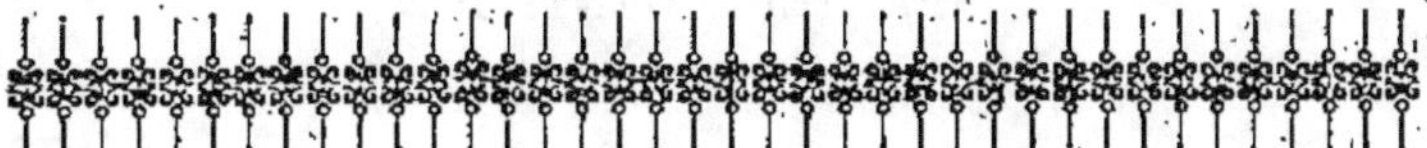

PREMIÈRE DENTITION

L'époque à laquelle les enfants font leurs dents varie considérablement. Il n'est même pas excessivement rare de voir des enfants naître avec des dents et l'on cite comme exemples Louis XIV, le grand roi de France, qui naquit avec deux dents, et Richard III, dit le bossu, roi d'Angleterre, qui naquit aussi avec plusieurs dents. Cependant, malgré les exceptions, qui ne font que prouver la règle, la règle générale que je vais donner ci-dessous éclairera suffisamment le lecteur. On peut faire observer en passant qu'il y a des cas où la dentition, pour diverses raisons, est retardée et l'on voit des enfants âgés de deux et même de trois ans chez lesquels il est impossible de découvrir la moindre trace de dentition. D'autre part, on se trouve quelquefois en présence de cas plus bizarres encore, tels sont ceux des sujets qui font une nouvelle dentition pour la troisième fois ; mentionnons comme un curieux exemple le cas de la veuve Elisabeth Thompson, de Billingham, près Seaford, en Angleterre, âgée de quatre-vingt-six ans, chez laquelle il ne restait plus aucune trace de dents depuis plusieurs années et qui vient récemment de percer une dent de devant c'est-à-dire une incisive centrale.

Le tableau ci-dessous indique l'ordre dans lequel s'effectue le percement des dents, à savoir :

Les deux incisives centrales paraissent à l'âge de cinq à huit mois. — Les deux incisives latérales de sept à dix mois. — Les deux canines entre le douzième et le seizième mois. — Les deux premières molaires font leur apparition entre le quatorzième et le vingtième mois. — Les deux secondes molaires ne se font sentir que du dix-huitième au trentième mois.

Les dents de la mâchoire inférieure qui correspondent à celles de la mâchoire supérieure, précèdent toujours d'un temps plus ou moins long celles de la mâchoire inférieure. Par conséquent, comme on le voit, les dents de lait n'excèdent jamais le nombre de vingt.

Lorsque, à l'âge de cinq à six ans, l'enfant fait ses quatre molaires permanentes, c'est-à-dire celles qui font partie de la seconde dentition et qui doivent lui servir tout le restant de sa vie, bien peu de gens, hormis le dentiste, sont à même de découvrir le fait, lequel est cependant de la plus haute importance pour l'avenir de l'enfant. Il arrive très souvent que l'on se trompe sur ces dents et qu'on les prenne pour des dents de la première dentition, ou dents de lait, et, pour cette raison, elles sont négligées et souvent perdues; l'on ne peut donc trop recommander aux parents de faire visiter la bouche de leurs enfants par leur dentiste tous les trois mois, jusqu'à l'apparition de la deuxième dentition, après quoi il faut que celle-ci soit régulièrement visitée tous les six mois; on ne saurait trop insister sur la nécessité de ces visites.

DEUXIÈME DENTITION

DENTS PERMANENTES

Les dents permanentes sont au nombre de trente-deux, soit seize pour chaque mâchoire. — Les personnes qui souffrent des yeux ou des oreilles, ou ont des douleurs à la figure, dont la cause est introuvable, à l'âge de six, douze et dix-huit ans et même jusqu'à l'irruption des dents de sagesse, ne sauraient mieux faire que de consulter un chirurgien-dentiste et s'assurer si le mal ne provient pas de l'irruption d'une ou de plusieurs dents.

Le tableau ci-dessous indique à peu près la période à laquelle les dents permanentes arrivent :

Les premières grosses molaires font leur apparition vers l'âge de six ans.

Les incisives centrales vers six ans et demi.

Les incisives latérales vers sept ans et demi.

Les premières petites molaires vers huit ans et demi.

Les secondes petites molaires vers neuf ans et demi.

Les canines vers dix ans.

Les deuxièmes grosses molaires de onze à douze ans.

Les dents de sagesse de dix-sept à vingt-deux ans.

Une des plus grandes faveurs que la nature puisse nous accorder, c'est de nous donner une bonne dentition et, par conséquent, que ceux qui sont ainsi favorisés ne négligent rien pour la conserver, car l'œuvre de la nature est toujours plus parfaite que celle de l'homme : Mieux vaut conserver que remplacer, et réparer que perdre.

L'établissement du docteur Leon a été fondé spécialement à Vals pour procurer au public en général les avantages du vrai art dentaire américain et le rendre accessible à tous, (les honoraires pour les opérations chirurgicales sont aussi modérés qu'un travail des plus soignés et la plus grande habileté de l'opérateur le permettent), pour introduire tous les perfectionnements les plus récents et les plus efficaces de l'art dentaire qui ont obtenu pour l'Amérique une supériorité incontestable dans cet art sur toutes les autres nations, pour fixer sans plaque des dents en permanence. — Cette nouvelle méthode qui est connue sous le nom de *the Crown, Bar and Bridge system*, couronne en or, système dit Pont Dentier, Pose des dents artificielles sans plaques et sans crochets, est la perfection de la propreté et du bien-être ; elle évite les dangers et la gêne produits par les dents artificielles posées avec plaque et crochet. Pour plomber avec de l'or ou autre substance les dents cariées, en leur rendant leur forme et leur utilité primitives, par des méthodes régulièrement pratiquées en Amérique ; pour entreprendre le traitement des maladies des gencives, raffermir les dents ébranlées et ainsi empêcher l'haleine de devenir désagréable ; pour fournir des dents artificielles, système ordinaire, artistiquement aussi bien que scientifiquement fabriquées ; pour soigner et surveiller la dentition des enfants, ce qui demande des connaissances spéciales, et forme une branche distincte de l'art dentaire ; pour expliquer et développer ici ces connaissances, cela demanderait plusieurs chapitres. Les parents ou tuteurs qui ont la responsabilité d'élever des enfants ont le devoir de veiller à ce que les dents de ceux dont ils ont la charge soient convenablement soignées, afin d'empêcher que les dents permanentes ne soient trop serrées. Ainsi que je le dirai, cet encombrement des dents n'est que trop fréquent, il défigure, gêne et cause un préjudice à celui qui en est atteint.

Par le talent consciencieusement exercé et au moyen des meilleurs remèdes et instruments, on peut espérer d'arriver aussi près que possible de l'idéal du dentiste, à savoir d'obtenir le maximum de succès avec un minimum de douleur (souffrance).

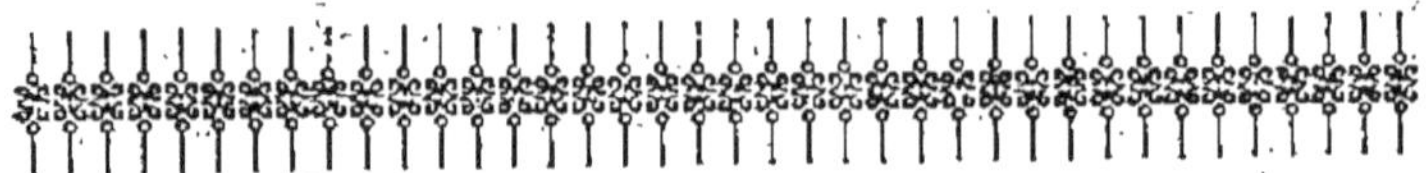

CROWN, BAR AND BRIDGE WORK

Ce système a été décrit comme suit par un de nos plus grands experts en la matière :

« *Crown, Bard and Bridge work* est la méthode la plus perfectionnée pour le remplacement permanent, par des substituts artificiels des dents perdues, de manière à ce qu'ils représentent parfaitement l'organe manquant et tout en étant les plus artistiques en apparence évitent la nécessité d'une plaque mobile, laquelle nuit aux dents et est répréhensible sous beaucoup de rapports.

« Ces nouvelles dents imitent les organes naturels en ce qui concerne le pouvoir de mastication et cela avec une aisance telle qu'on n'avait jamais pu obtenir auparavant avec des dents artificielles. Quand une dent du fond est gravement atteinte, la partie cariée est enlevée et la partie restante est rendue saine ; un recouvrement en or est ensuite façonné ayant la même forme que la dent originelle, lequel est placé au-dessus de la dent en traitement et y est cimenté, la rendant ainsi d'une utilité parfaite et en la scellant hermétiquement, tout danger d'une nouvelle attaque est évité. Pour les dents de devant la même méthode est adoptée, avec cette différence, toutefois, que le sommet (crown), au lieu d'être tout en or, la partie extérieure est recouverte d'une porcelaine qui imite si exactement les autres dents, qu'un expert de profession ne pourrait que difficilement s'apercevoir de la différence. A ces couronnes, une ou plusieurs dents peuvent être fixées, de sorte que, si trois ou quatre dents, ou même trois ou quatre racines restent, un râtelier parfait peut être posé par ce procédé, lequel est une reproduction exacte des anciens organes et ne sont pas simplement de vulgaires et dangereux substituts. »

Pendant les six dernières années écoulées, j'ai consacré tout mon temps à cette branche de la science dentaire, et d'année en année, j'ai pu me convaincre de plus en plus qu'il n'y avait pas d'opération dentaire qui puisse donner une satisfaction si complète tant à celui qui subit l'opération qu'à l'opérateur, que celle du *Crown, Bar and Bridge work*. D'autre part, les désagréments éprouvés par la personne en traitement pour la pose de dents artificielles ne sont pas plus grands que ceux qu'elle aurait à subir pour les méthodes ordinaires de plombage, et il y a une très ample compensation plus tard, résultant du bien-être que l'on éprouve après la pose, au moyen de ce système. Pendant six années d'expérience de cet excellent système, je n'ai jamais pu constater un seul cas dont le résultat n'ait été entièrement satisfaisant, tandis qu'avec l'ancien système, il y aurait eu naturellement une certaine moyenne d'opérations qui n'auraient que partiellement réussi, et les dents, en conséquence, n'auraient pas fait, pour ainsi dire, partie intégrale de la bouche, et leur présence aurait toujours causé une certaine gêne. J'ai eu l'heureux privilège de poser des dents pour des centaines de personnes au moyen du système *Crown and Bridge work;* ces personnes avaient autrefois fait usage des plaques et toutes ont exprimé leur grande satisfaction des immenses avantages obtenus par la complète adhésion des dents et leur parfaite propreté, sans parler du soulagement de pouvoir se dispenser de plaques.

Voici en résumé quelques-uns des avantages du système en question :

Parfaite aisance, propreté et apparence irréprochable. — Les dents occupant exactement la même position que les dents naturelles (primitives) peuvent être atteintes avec facilité par la brosse à dents et il est presque impossible de les reconnaître des vraies dents.

N'atténue en rien les fonctions de la voix ou du goût. — Parce que l'on se dispense de plaque.

Fermeté et sécurité des autres dents. Elles ne peuvent se déplacer en parlant ou en mangeant malgré l'absence de crochets et de plaques.

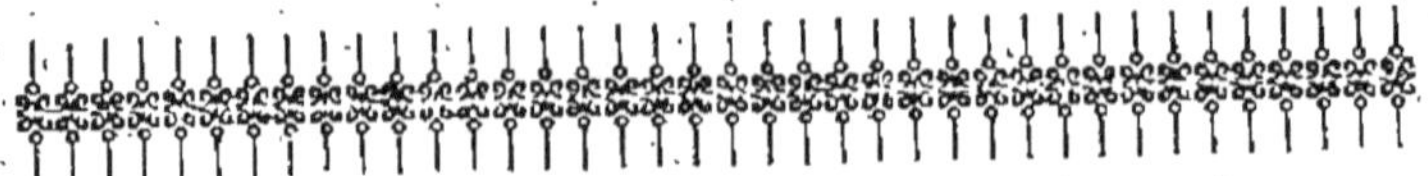

RECOMMANDATIONS GÉNÉRALES

Les dents devraient être nettoyées deux fois par jour : le matin et le soir. C'est surtout le soir que cette opération est de la plus grande importance, car on enlève ainsi toute matière dont la décomposition, pendant le courant de la nuit, entame les dents, contribue à la formation de tartres et communique à l'haleine une odeur désagréable.

Les brosses devraient être petites, formées de manière à pouvoir pénétrer toutes les parties de la bouche, et suffisamment dures; chaque brosse ne devrait servir que deux mois tout au plus; il est bon de ne pas se servir tous les jours de la même brosse, mais d'en avoir plusieurs et de se servir de chacune alternativement; les brosses doivent toujours être à l'air et non renfermées. Il faut au moins une minute pour nettoyer les dents.

Les mêmes soins doivent être aussi bien donnés à la partie intérieure qu'à la partie extérieure de la dentition.

Bien nettoyer les dents n'est pas une opération aussi facile qu'on pourrait le croire : le brossage doit se faire de haut en bas, de manière à ce que les crins de la brosse pénètrent autant que possible entre les dents, où les aliments s'amassent naturellement, et non pas autant en travers, ce qui ne produit d'effet que sur la surface des dents. Il faut toujours se servir de poudre pour le nettoyage des dents ; l'emploi des pâtes est plutôt nuisible.

Dès que l'on ressent la moindre douleur à une dent, ou même simplement de la sensibilité ou aspérité, il faut immédiatement la faire soigner. Le vieux dicton : « Rien ne sert de courir, il faut partir à temps », s'applique d'une manière toute particulière en ce qui concerne la dentition ; en effet, tandis qu'un petit point de carie, pris au début, peut être arrêté et rectifié sans douleur et dans l'espace de cinq minutes, une opération désagréable et fatigante devient nécessaire quand on a négligé au début de se faire donner les soins voulus.

Il ne devrait y avoir aucun espace vide dans la mâchoire. Les dents ressemblent à une arche en briques — enlevez-en une, et l'arche sera affaiblie; de même si une dent manque, le soutien latéral n'existe plus, et les dents s'ébranlent et se déplacent. Les dents qui ont perdu leur double s'allongent et finissent par se détacher, ce qui nécessite leur extraction, et les dents dont la part de mastication est trop forte s'abîment par excès de travail. L'affaissement des gencives et l'érosion (espèce de carie) au commencement de la racine des dents est une forme très commune de maladie qui demande à être convenablement traitée pour guérir.

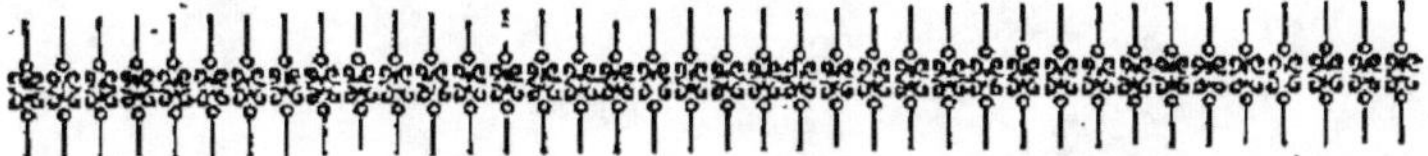

TABLE DES MATIÈRES

109

9 782013 028134